Vaishali Bhagat
Kalpesh Shinde
Mayuri Sasane

Cultivo de gerberas em estufa

Vaishali Bhagat
Kalpesh Shinde
Mayuri Sasane

Cultivo de gerberas em estufa

Imprint
Any brand names and product names mentioned in this book are subject to trademark, brand or patent protection and are trademarks or registered trademarks of their respective holders. The use of brand names, product names, common names, trade names, product descriptions etc. even without a particular marking in this work is in no way to be construed to mean that such names may be regarded as unrestricted in respect of trademark and brand protection legislation and could thus be used by anyone.

Cover image: www.ingimage.com

This book is a translation from the original published under ISBN 978-620-2-02668-0.

Publisher:
Sciencia Scripts
is a trademark of
Dodo Books Indian Ocean Ltd. and OmniScriptum S.R.L publishing group

120 High Road, East Finchley, London, N2 9ED, United Kingdom
Str. Armeneasca 28/1, office 1, Chisinau MD-2012, Republic of Moldova, Europe
Printed at: see last page
ISBN: 978-620-7-92515-5

CAPÍTULO - I

INTRODUÇÃO

"As flores falaram-me mais do que posso dizer por palavras escritas. São os hieróglifos dos anjos, amados por todos os homens pela beleza do seu carácter, embora poucos consigam decifrar sequer um fragmento do seu significado."
- (Lydia M. Child)

As flores são o coração, a alma e a ornamentação da natureza; é realmente difícil explicar a beleza e a essência da flor, que é adorada por todos, até pelo próprio Deus. As flores transmitem-nos o sentimento de veracidade, simplicidade, pureza e piedade. As flores parecem destinar-se ao consolo do homem comum e da humanidade. Uma dessas flores, que valoriza todas as utilidades do mundo através da sua beleza magnífica, das suas tonalidades e cores variadas, é o orgulho da natureza - a *"Gerbera"*.

A Gerbera (*Gerbera* jamesoniiHook.) entrou no dicionário da floricultura depois de ter sido descoberta pelo botânico pré-Linnean, Gronovious, mas recebeu o seu nome afortunado em honra do naturalista alemão, 'Traugott Gerber', que viajou pela Rússia em 1743 (*Magaret al.,* 2010). É útil em canteiros de jardim, bordaduras, jardins de pedra e cultivo em vasos. Também é muito utilizada em arranjos florais e como flor de corte (*Chobeet al.,* 2010).

A gerbera pertence à família Asteraceae. Este grupo inclui atualmente 45 espécies, nativas da Ásia tropical e de África. Cerca de sete espécies foram registadas na Índia, distribuídas nos Himalaias temperados, de Caxemira ao Nepal, a uma altitude de 13.00 a 3.200 metros. As espécies de gerbera de origem indiana são *a Gerbera andria, G. kunzeana, G. languinosa, G. macrophylla, G. nivea, G. Ovalifolia e G.poiloselloides.* As espécies cultivadas deste género são a *Gerbera asplenifolia, a G. aurantica, a G.kunzeana e a G. viridifolia.* Estas são ervas perenes sem caule (Bhattacharjee e De, 2003).

Além disso, as condições climáticas adversas durante o inverno nos principais países europeus produtores de flores aumentam o custo de produção. Uma produção orientada de gerbera durante estes meses pode dar à Índia uma vantagem no mercado internacional. Com condições climatéricas adequadas, especialmente como Pune, Nashik, Banglore, Hydrabad, etc., que não só gozam de um clima moderado, mas também têm um clima ameno. Que não só gozam de um clima moderado, mas também têm disponibilidade de mão de obra e terras baratas em comparação com os países europeus. O agricultor pode optar pela produção de gerbera à escala comercial. A gerbera é uma planta herbácea perene, anã, que cresce em tufos com flores solitárias, conhecidas por cabeça ou capítulum, num caule longo e delgado, que cresce bem acima da folhagem. As folhas são pecioladas, inteiras ou pinadas, grossas

2

ou por vezes tubulares e com dois lábios. Os aquénios são bicudos; pappus ou cerdas ásperas em duas ou mais filas. As flores, semelhantes a margaridas, estão disponíveis numa vasta gama de cores, incluindo amarelo, vermelho, laranja, creme, branco, rosa, tijolo, escarlate, pêssego salmão, castanho e vários outros tons intermédios.

A gerbera é uma importante flor de corte com flores simples e duplas. A variação de cores, o seu significado, o tamanho das flores, o comportamento duradouro e a grande capacidade de adoção cultural fizeram da gerbera uma flor de eleição para cultivo na Índia. A procura de gerbera é grande, sobretudo nos mercados europeus, durante os meses de inverno e quase todo o ano na Índia. Trata-se de uma das dez principais flores de corte do comércio mundial de flores, que ocupa o quinto lugar no comércio internacional de flores. Uma vez que, comparativamente, a Índia está situada mais perto dos principais países consumidores de flores do que os seus homólogos asiáticos, tem grandes vantagens na exportação de flores. No entanto, é difícil obter flores de corte de qualidade exportável em condições abertas.

Por conseguinte, para satisfazer as normas de qualidade internacionais, é necessário cultivar, em condições controladas, cultivares híbridas de elevado rendimento e longa duração.

As principais vantagens de cultivar a cultura em estufa são a exploração do potencial genético máximo dos híbridos ou variedades exóticas e a possibilidade de cultivar com êxito durante todo o ano. Além disso, é possível proteger a cultura contra as condições climáticas adversas e a incidência de pragas e doenças, o que permite obter rendimentos mais elevados.

Em todo o mundo, o sector da floricultura está a passar por rápidas mudanças. Devido à globalização e aos seus efeitos na geração de rendimentos em diferentes partes do mundo, o consumo per capita de flores na maioria dos países está a aumentar. Quando olhamos para o cenário mundial da floricultura, os Países Baixos produzem 420 milhões de hastes de gerbera por ano, avaliadas em 145 milhões de florins neerlandeses. O preço mínimo nos leilões é de 8 cêntimos neerlandeses/haste. A França importa dos Países Baixos 31 milhões de pés de gerbera por ano. A Suíça produz 2,6 milhões de hastes de gerbera e importa 7,6 milhões de hastes dos Países Baixos. O consumo doméstico de gerbera na Alemanha é de apenas um por cento em comparação com outras flores, e o país importa uma média de 183 milhões de hastes por ano. Os Estados Unidos da América importaram 48,1 milhões de hastes de gerbera em 1995 e os principais exportadores são a Colômbia, os Países Baixos e Israel. A Índia também exporta flores de corte de gerbera para países europeus (Bhattacharjee e De 2003).

Também na Índia, nos últimos anos, a floricultura está a emergir como uma atividade comercial e económica altamente competitiva, com potencial para a obtenção de valiosas divisas estrangeiras, graças à liberalização da economia e da política de importação. Assim, nestas circunstâncias, vários empresários e viveiristas aventureiros e entusiastas estão a aproveitar esta oportunidade e a introduzir no cultivo as cultivares de gerbera mais recentes e melhoradas, sem avaliar a adequação das cultivares à região.

O recente facto de que, por vezes, a variedade pode ter um desempenho fraco e o agricultor pode enfrentar perdas de rendimento. Por conseguinte, a avaliação de novas cultivares específica da região e de acordo com as condições agroclimáticas é muito importante. Além disso, os trabalhos de investigação efectuados sobre a avaliação específica das cultivares numa região são muito escassos.

Por conseguinte, é necessário avaliar novas cultivares quanto aos seus parâmetros quantitativos e qualitativos e quanto à adequação das cultivares a uma determinada região. Tendo em conta este facto, a presente investigação foi realizada com os seguintes objectivos

Descobrir as cultivares de gerbera adequadas em condições de estufa.

Estudar o tempo de vida em vaso das cultivares de gerbera.

CAPÍTULO - II

REVISÃO DA LITERATURA

Nos últimos anos, a cultura da gerbera está a ser iniciada à escala comercial sob estrutura protegida na Índia, a fim de satisfazer as normas de qualidade do mercado internacional. No entanto, a tecnologia de estufa de baixo custo ajuda os produtores a produzir flores de corte de qualidade durante todo o ano. As cultivares diferem significativamente no seu desempenho em termos de rendimento, qualidade e vida útil do vaso. A revisão da literatura relativa ao desempenho de várias cultivares em estufa, ao seu tempo de vida em vaso e aos caracteres vegetativos e florais é apresentada a seguir, sob os seguintes títulos.

Estudos sobre o desempenho de Gerbera ....*(Gerbera jamesonii)* ....**sob estado de conservação do politécnico.**

Resposta varietal

Naiket al (2006) revelou que entre as 11 cultivares estudadas, houve uma variação significativa para vários parâmetros de crescimento, produção de flores cortadas e qualidade. A cv. Lexus (38,82) produziu o número máximo de flores de corte de qualidade, seguida pelas cvs. Alberino (37,20), Scilla (36,95) e Bonnie (31,26).

Paraneethaet al (2006) avaliaram 63 acessos de gerbera relativamente a diferentes características. Com base no seu desempenho, foram seleccionados e avaliados novamente os sete acessos promissores e dez cultivares designados. A altura máxima da planta (27,73 cm) e a produção de flores/planta/ano (78,48) foram registadas pelo acesso GJ 23.

Chobeet al (2010) avaliaram o desempenho de trinta cultivares de gerbera. Os resultados revelaram que a cultivar Sonata teve um melhor desempenho no que respeita ao número de folhas por planta, à dispersão das plantas e à produção de flores.

Kumariet al (2010) relataram que, entre as cinco cultivares de gerbera (*Gerbera jamisonii*) (Dhoni, Zingaro, Rosalin, Dune e Balance), o número de flores por planta (10,59), o número de flores por metro quadrado (94,04) e o número de rebentos por planta (4,88) foram mais elevados na cv. Balance em comparação com outras cultivares sob condições de estufa com ventilador e almofada refrigerada.

Magaret al (2010) avaliou o desempenho de 28 genótipos de gerbera em condições de controlo. Os resultados revelaram que as variedades de alto rendimento Sonata, Esmara, Opium, Solem, Gucci, Diana, Naome, Martinque e Maidemoselli foram úteis para obter um maior rendimento em estufa ventilada natural.

Ahlawatet al (2012) avaliaram dez cultivares de gerbera em estufa com ventilação natural. A altura máxima da planta (25,04 cm) foi registada para a cv. Dalma, cv. A cv. Sunway teve a floração mais precoce, enquanto a cv. Savannah
(59,46 cm) deu o comprimento máximo do caule. A produção de flores foi máxima (396 por metro quadrado/ano) na cv. Winter Queen, enquanto a cv. Avant Garde teve o maior tempo de vida do vaso (11,8 dias).

Baruaet al (2012) realizaram um ensaio com nove cultivares promissoras de gerbera, nomeadamente Fanna, Deep purple, Shinia, 68385, Jaffana, Wall Street, Venice, Lion e Dephane, que foram seleccionadas para cultivo em estufa de baixo custo. A cultivar Jaffna registou o máximo de propagação de plantas, diâmetro de flores e rendimento/m^2 e a cv. Wall Street registou o número máximo de flores/planta.

Das *et al* (2012) investigaram o crescimento e o rendimento de cinco cultivares de gérberas exóticas com floração de cores diferentes (C1; branca; C2; vermelho tijolo; C3; rosa claro; C4; amarela e C5; laranja). O desempenho do rendimento de diferentes cultivares de gérberas exóticas em cultura em vaso O C5 produziu o máximo de flores (15,9) por planta e o C1 o mínimo (12,5).

Kumar *et al* (2012) estudaram sete variedades de gerbera em condições de estufa e descobriram que a cultivar Rosaline registou a altura máxima da planta (33,67 cm), o número de folhas por planta (31,33), seguida das cvs. Dana Ellen e Silvester.

Kumar *et al* (2012) avaliaram 17 cultivares de gerbera (*Gerbera* jamesoniiBolus ex Hooker F.) quanto a caracteres de crescimento, floração, qualidade e rendimento em estufas de bambu de baixo custo, o resultado revelou que a cultivar cv. Fenna. produziu o número máximo de flores/planta/mês (3,69).

Wankhedeet al (2012) observaram que o desempenho de algumas variedades de gerbera em termos de floração, rendimento e atributos de qualidade sob rede de sombra. Os dados revelaram que, entre as treze variedades de gerbera em estudo, a cv. A cv. Savannah tinha um número significativamente maior de flores por planta e necessitava de um mínimo de dias para o desenvolvimento das flores.

Anandet al (2014) avaliaram o desempenho de setenta genótipos de gerbera (*Gerbera jamesonii* Bolus ex Hooker F.) em condições abertas, dos setenta genótipos avaliados, os genótipos GJ 23, GJ 11, GJ 2,GJ 19 e GJ 55 foram considerados superiores para a produção de flores em condições abertas.

Dekaet al (2014) relataram que, entre doze cultivares de Gerbera (*Gerbera jamesonii* Bolus.) em condições de campo aberto, os caracteres vegetativos, de floração e de flores variaram significativamente entre as cultivares. O desempenho médio das cultivares revelou que a cv. Red Gem registou o número máximo de flores por planta (53,2). A cultivar Red Gem teve o melhor desempenho em vários caracteres de crescimento e florais, juntamente com as cvs. Orange Gleam, Classic Beauty e Pink Melody.

Tarannum (2014) avaliou oito genótipos de cravo para parâmetros de crescimento, floração, produção de flores, qualidade das flores e vida de vaso para avaliar o espetro de variabilidade genética entre esses caracteres sob NVPH. A vida de vaso máxima e o maior rendimento por planta foram registados na cv. Soto, seguida de Dona e White Dona.

Sarmahet al (2014) concluiu que entre sete variedades de gerbera (Dune, Goliath, Cacharelle, Forza, Dana Ellen, Lancaster e Malibu) para o crescimento e floração sob polyhouse, os dados revelaram que entre todas as sete variedades em estudo, Dune teve significativamente maior altura de planta (54.A mesma cultivar também necessitou de um mínimo de dias (40,23) para a visibilidade do botão floral, tamanho máximo da flor (15,27 cm), número de flores (9,37) e comprimento do caule (80,13 cm).

Caracteres vegetativos

Tabassumet al (2002) notaram que a altura máxima da planta (139,83 cm) e o número máximo de flores observados nas variedades de rosas Daydream e Alexender e Paradise tinham o tamanho máximo de flor (7,93 cm) em Yankee doodle e a persistência de vida mais longa (17,17 dias) em golden times foi registada.

Suma *et al* (2006) estudaram o carácter vegetativo em oito genótipos de margarida no que diz respeito a vários caracteres morfológicos e produziram os genótipos Purple Monarch, Dark Milka, Blue Moon e White Prestige, que mostraram um bom desempenho em termos de atributos de crescimento e de rendimento. Os genótipos Milka Star e Pink Milka apresentaram uma altura mínima de planta e os genótipos Painted Lady, Peter's White e Pink Milka produziram menos espigas de flores por planta. O tamanho da flor, o comprimento da haste da flor e o tempo de vida do vaso foram maiores nos genótipos Purple Monarch, Dark Milka e Blue Moon.

Agasimaniet al (2010) estudou dez variedades de antúrio em estufa, entre as quais a var. Esmeralda produziu o número máximo de folhas por planta (5,20), a área foliar máxima (237,24 cm), o comprimento máximo do pedúnculo da flor (39,46 cm) e o diâmetro do pedúnculo da flor (6,83 mm), que foi significativamente superior às outras variedades.

Kumariet al (2010) realizaram uma experiência para avaliar cinco cultivares de gerbera (*Gerbera* jamisoniiBolusex hooker F.). As cultivares *viz.*, Dhoni, Zingaro, Rosalin, Dune e Balance foram avaliadas em condições de estufa com ventoinha e almofada. Os dados analisados indicaram que a cultivar Balance apresentou o melhor desempenho no que respeita à planta mais alta (41,05 cm), número de folhas por planta (25,91 folhas), área foliar (5895,00cm2 ...), índice de área foliar (5,24), número de
flores por planta (10,59), número de flores por metro quadrado (94,04), número de rebentos por planta (4,88), bem como a vida útil máxima das flores (10,11 dias e

15,30 dias) à temperatura ambiente (25,120 C) e 18? C, respetivamente, em comparação com todas as outras cultivares estudadas.

Vasudevanet al (2010) avaliaram o desempenho de 13 genótipos de gerbera em condições de estufa. O resultado revelou que a cv. Fiction alcançou a altura máxima da planta (48,40) e a dispersão da planta (49,43 cm) e a cv. Sunglow produziu o número máximo de folhas (26,33), o talo mais longo (70,04) e o diâmetro da flor (11,45 cm).

Ghargeet al (2011) avaliaram dez cultivares de cravo (*Dianthus caryophyllus* L.) no que diz respeito aos parâmetros vegetativos e de rendimento da flor de corte de cravo em condições de estufa com ventilação natural. Entre elas, as variedades Yellow firato, Firaro, Diana e Guadina foram superiores no que diz respeito aos parâmetros de crescimento como altura da planta, perímetro do caule, número de rebentos, comprimento dos rebentos, número de folhas, altura da planta foi máxima (134,0 cm), respetivamente.

Wankhedeet al (2012) estudaram as treze variedades de gerbera relativamente à floração, ao rendimento e aos atributos de qualidade sob rede de sombra. A 'Charmander' registou um tempo de vida significativamente maior das flores na planta. A Savannah registou um número significativamente maior de flores por planta e necessitou de um mínimo de dias para o desenvolvimento das flores. O diâmetro máximo das flores foi registado na variedade Sangria. A variedade Vino registou um maior tempo de vida das flores colhidas no vaso.

Mahamoodet al (2013) estudaram a variabilidade em dez cultivares de gerbera ('Labinel', 'Lilla', 'Alp', 'Alberino', 'Bonnie', 'Avemaria', 'Mammut', 'Lexus', "Terramixa' & 'Sarolta') para características de crescimento, rendimento e qualidade em condições protegidas. Entre as cultivares estudadas, observaram-se variações altamente significativas nos parâmetros de crescimento, rendimento e qualidade. O maior comprimento de caule (60,3 cm) foi exibido pela cultivar 'Alberino' cv. 'Lexus' (59,0) e cv. 'Mammut' (54,0 cm). A mesma cultivar também produziu flores com diâmetro máximo, número de folhas por planta e dispersão da planta. O número máximo de flores 135 por metro quadrado foi registado na cv. 'Avemaria' (135) seguida da 'Alberino' (125). O tempo máximo de vida de vaso foi registado nas cultivares 'Alberino' e 'Lexus' (6,6), seguidas por 'Mammut' (5,6) e "Sarolta" (5,6). Flores de excelente qualidade foram observadas na cultivar 'Alberino' (4,8) seguida por 'Lexus' (4,4). As cultivares 'Alberino' e 'Lexus' foram consideradas superiores em termos de crescimento, rendimento e características de vida de vaso em condições protegidas.

Shekaraet al (2013) estudaram os caracteres vegetativos de onze genótipos de margarida em relação a vários parâmetros de floração, rendimento e qualidade. Os genótipos Dwarf Pink, mostraram precocidade na primeira floração e 50 por cento de floração (57,09 e 64,18 dias, respetivamente), seguidos pela cv. Dark Blue Dwarf (62,76 e 67,11 dias, respetivamente), enquanto que a cv. Star White Daisy (76,22 e 81,25 dias). O número máximo de espigas por planta e a produtividade de espigas por hectare (7,20 e 24,00 lakh/ha/ano) foram observados na cv. Light Blue Tall seguida por White Tall (6,33 e 21,11 lakh/ha/ano) e Purple Multipetal (6,13 e 20,44 lakh/ha/ano).Light Blue Tall (86,48 cm) teve espiga de flor mais longa comparada com outras cultivares.

Dekaet al (2014) estudaram os caracteres vegetativos de doze cultivares de Gerbera (*Gerbera jamesonii* Bolus) em condições de campo aberto. Os caracteres vegetativos, de floração e de flores variaram significativamente entre as cultivares. O desempenho médio das cultivares revelou que a Pride of Sikkim atingiu a maior altura de planta (61,8 cm) e o maior comprimento de caule (49,5 cm). A cultivar Red Gem produziu o maior número de folhas por planta (46,6), a maior extensão de planta (54,1 cm) e o maior número de rebentos por planta (24,0). Os dias necessários para a visibilidade do botão e a plena floração variaram muito. A cultivar Pink Melody levou o mínimo de dias para a visibilidade do botão (63,8) e para a plena floração (76,0), respetivamente.

Reprodução e .... floração caracteres

Thangamet al (2009) avaliaram quatro cultivares de gerbera em diferentes meios de cultura em estufas de ventilação natural em condições húmidas costeiras. Quatro variedades*, a saber*, Dalma, Dana Ellen, Rosalin e Savannah, foram cultivadas em cinco meios de cultura, incluindo solo com areia, FYM, vermicomposto, casca de arroz e turfa de coco (3:1). Savana e Rosalin.

Kumariet et al (2010) avaliaram cinco cultivares de gérbera (*Gerbera jamisonii*) (Dhoni, Zingaro, Rosalin, Dune e Balance) em condições de estufa com ventoinha e almofada de refrigeração. O comprimento máximo do pedúnculo (62,95 cm), o diâmetro do pedúnculo (5,09 cm), o diâmetro da flor (11,41 cm), o peso fresco da flor (14,37 g), o peso seco da flor (2,51 g), o número de flores por planta (10,59), o número de flores por metro quadrado (94,04) e o número de rebentos por planta (4,88) foram registados na cv. Balance em comparação com outras cultivares.

Shammyet et al (2012) estudaram os caracteres reprodutivos, o crescimento e o desempenho da floração de duas variedades de gerbera em vaso. As variedades objeto deste estudo (flores de cor vermelha e amarela) apresentaram variações distintas na produção de flores e nas características que contribuem para a produção. O número máximo de folhas (29,6 plantas-1), o diâmetro da flor (7,2 cm) e o comprimento do pedúnculo (25,3 cm) foram registados na variedade com flor amarela e o número máximo de flores (14,1 plantas-1) foi registado na variedade com flor vermelha. A variedade com flores de cor amarela apresentou melhor desempenho na produção de flores do que a variedade com flores de cor vermelha.

Sugapriya *et al* (2012) observou que o Dendrobium era um dos géneros importantes de orquídeas e cultivado comercialmente para flores de corte. Por conseguinte, é importante avaliar o seu hábito de crescimento, comportamento de floração e rendimento sob as diferentes condições de crescimento para um local específico. Nove variedades de orquídeas Dendrobium foram avaliadas quanto ao seu crescimento e rendimento. O estudo revelou que, entre as diferentes variedades avaliadas, a Sonia-17 registou a altura máxima da planta (54,57 cm), o comprimento do entrenó (5,00 cm) e o número de pseudobulbos por planta (9,73), enquanto que a Medameuraiwan registou um maior número de folhas (18,33) e a circunferência máxima do pseudobulbo (6,23 cm). O comprimento máximo da folha (16,5 cm) foi registado na variedade Burana, enquanto a largura da folha foi máxima (4,9 cm) nas variedades Sonia-17 e Medameuraiwan. Parâmetros fisiológicos de crescimento viz. área foliar (61.06 cm2), índice de área foliar (7.3) e conteúdo de clorofila foliar (80.53 unidades SPAD) foram registados no máximo em Sonia-17.

Mahmoodet al (2013) estudaram dez cultivares de gerbera ('Labinel', 'Lilla', 'Alp', 'Alberino', 'Bonnie', 'Avemaria', 'Mammut', 'Lexus', "Terramixa' ....& 'Sarolta') quanto às suas características de crescimento, rendimento e qualidade em condições protegidas. Entre as cultivares estudadas, foram observadas variações altamente significativas nos parâmetros de crescimento, rendimento e qualidade. O maior comprimento de caule (60,3 cm) foi exibido pela cultivar 'Alberino', seguida por 'Lexus' (59,0) e 'Mammut' (54,0 cm). A mesma cultivar também produziu flores com diâmetro máximo. O número máximo de flores 135 por metro quadrado foi registado na cv. 'Avemaria' (135) seguida de 'Alberino' (125). Flores de excelente qualidade foram observadas na cultivar 'Alberino' (4,8) seguida por 'Lexus' (4,4). As cultivares 'Alberino' e 'Lexus' foram consideradas superiores no que diz respeito ao crescimento, produção e características de vida de vaso sob condições protegidas. As cultivares 'Alberino' (187,13 dias) e 'Somark white' (201,67 dias) levaram menos dias para a iniciação do botão floral, enquanto a 'Sonia-17' apresentou um intervalo de tempo mínimo entre a iniciação do botão floral e a abertura da primeira flor e entre a abertura da primeira flor e a colheita (31,43 dias e 27,67 dias, respetivamente). Das nove variedades estudadas, a Sonia-17 apresentou um carácter de floração livre, tendo sido observada uma floração sazonal nas restantes variedades. O número de espigas por planta por ano (8,67) foi registado ao máximo na variedade Sonia-17.

Mehmoodet al (2014) avaliaram cinco cultivares de cravos ('Grand Salam', 'Nelson', 'kaly,' 'Cinderella' e 'Tempo') quanto às características de crescimento, rendimento e qualidade em condições de ripado. Entre as cultivares estudadas, a altura máxima das plantas foi registada nas cultivares de cravos; Grand Salam' (78,66 cm) seguida pelas cultivares 'Kaly' (78,23 cm) e 'Cinderella' (77,96 cm) e a maior produção de flores

por planta foi registada nas cultivares 'Tempo' (6,4) e 'Nelson' (6,3). O número
máximo de flores por metro quadrado foi registado na cultivar 'Nelson' seguido de
'Tempo' (189,6).

Estudos de vida em vaso

As flores de gerbera foram colhidas empurrando lateralmente o pedúnculo da flor na
base da planta. As flores são geralmente colhidas quando os floretes dos raios
exteriores estão completamente alongados e as duas filas de floretes do disco estão
completamente desenvolvidas e perpendiculares ao pedúnculo.

Acharyaet al (2010) estudaram três variedades de (*Gerbera* jamesoniiHook.) Prim
Rose, Malibu e Sunway para descobrir o efeito das estações de crescimento (outono,
inverno e primavera) no tempo de vida em vaso das flores cortadas. O estudo revelou
que a vida de vaso mais longa foi registada na cv. Sunway, seguida da cv. Prim Rose
e Malibu. Relativamente à estação de produção, o maior tempo de vida de vaso
(18,37 dias) foi encontrado nas flores colhidas no inverno, seguido da primavera
(14,8 dias) e do outono (9,57 dias).

Javadet al (2011) relataram que, houve diferença significativa entre as cultivares para
a vida de vaso, curvatura do caule, vazamento de iões e absorção de água. As
cultivares 'Tropic Blend', 'Cacharelle' e 'Aventura' tiveram vida de vaso máxima e as
cv. 'Onedin', 'Ecco' e 'Entourage' tiveram vida de vaso mínima.

Banaeeet al (2013) estudaram os efeitos do ácido salicílico (SA), sulfato de
8Hidroxiquinolina (8-HQS) e sacarose na gérbera cortada. O tratamento contendo 8-
HQS (200 mg L-1) teve uma vida de vaso de 12,9 dias, que não foi
significativamente diferente da combinação de SA (100 mg L-1) + 8-HQS (200 mg
L-1), que resultou na vida de vaso mais longa de 15,6 dias. Os resultados mostram
que a SA pode aumentar a vida de vaso em combinação com 8-HQS.

Kumar *et al* (2013) estudaram dez cultivares comerciais de gerbera relativamente à
qualidade, vida de vaso e curvatura do caule. Os resultados mostraram que o maior
tempo de vida do vaso foi exibido pela cv. Dune (15,67 dias), seguida da cv. Winter
Queen (14,47 dias) e Dana Ellen (14,40 dias). A incidência mínima de curvatura do
caule (0°- 15°) foi registada nas cultivares Cacharell e Winter Queen. Com base no
desempenho, as cultivares Dune, Winter Queen, Dana Ellen, Carambola e Cacharell
foram consideradas promissoras para a produção de flores de corte de qualidade
comercial.

Singh *et al* (2013) referiram que entre oito variedades de cravos, *nomeadamente*
Diana, Aurtura, White Dona, Pink Dona, Soto, Red king, Tuareg e Dona, foram
avaliadas em estufa com ventilação natural. Entre elas, o tempo máximo de vida do
vaso foi observado na cv. Red King (29,3 dias), seguida das cvs. Tuarge (24 dias) e
Dona Rosa (21,3 dias).

Asadiet al (2014) estudou os efeitos dos tratamentos com sacarose e GA3 na longevidade de flores de cravo cortadas (*Dianthus caryophyllus*), tendo medido várias características como o diâmetro da flor, a cor das pétalas, o teor relativo de água, o pH e a fuga de electrólitos. Os resultados mostraram que 6 mg/L GA3 e sacarose tiveram uma diferença significativa em comparação com o controlo. A longevidade aumentou (67,3%) em relação aos controlos (1%).

CAPÍTULO - III

MATERIAL E MÉTODOS

A investigação foi conduzida em "Estudos sobre o desempenho da gerbera (*Gerbera jamesonii*) em condições de estufa" no que respeita ao crescimento, rendimento, qualidade das flores cortadas e vida útil dos vasos de gerbera durante o ano 20142015. Os pormenores do material utilizado e os métodos adoptados são apresentados neste capítulo.

3.1 Sítio experimental

Foi realizada uma experiência no Departamento de Horticultura, Faculdade de Agricultura, VNMKV, Parbhani, de outubro de 2014 a abril de 2015. O solo do sítio experimental era constituído por argila arenosa vermelha com um pH de 7,20 e uma CE de 0,85 ds/m. As propriedades físico-químicas do solo são apresentadas no (Anexo-I).

3.2 Localização geográfica do sítio experimental e clima

Parbhani está situada na região de Marathwada, no estado de Maharashtra, a 19^0 16'-N de latitude e 76^0 46'-E de longitude, com uma altitude de 423,46 m acima do nível do mar, e é considerada uma região de clima tropical semi-árido. A precipitação média do distrito é de 830 mm, concentrada sobretudo durante a monção, particularmente de junho a outubro. A precipitação máxima ocorre nos meses de julho e agosto. As temperaturas máxima e mínima variam entre 29,1 e $41,10^0$ C e entre 12,1 e

$24,50^0$ C em maio e dezembro, respetivamente. A humidade relativa média mínima e máxima variou de 25 a 63 e 85 a 96 por cento nos meses de maio e dezembro, respetivamente. Os dados meteorológicos para o período do experimento de outubro de 2014 a abril de 2015 são apresentados no (apêndice-II).

3.3 Material de plantação

O material de plantação saudável foi obtido de uma fonte fiável na fase de 2-3 folhas. As plantas foram cultivadas através de cultura de tecidos e colocadas em tabuleiros com meios artificiais.

Placa 1. Vista geral da polyhouse

Placa 2. Vista geral do sítio experimental

3. .... 4Detalhes da experiência

Estudos sobre o desempenho .... de

gerbera *(Gerbera jamesonii)* sob

estado de conservação do politécnico.

Tamanho da estufa:

Comprimento .... : 28m

Largura .... : 20m

Tamanho bruto ....:560m^2

Cultura .... Gerbera

.... *(Gerbera jamesonii)*

Desenho ....

.... Desenho de blocos aleatórios

Número de tratamentos: 10

Replicação : 3

Espaçamento : 30x30 cm

Meios de comunicação..: Solo

Cultivares utilizadas no estudo: 10

N.º Sr. Cultivares...Cor

.... SavannahRed

.... StanzaRed

.... ImperialAmarelo

Dana ....EllenYellow

.... SubmarinoAmarelo

.... SilvesterWhite

.... EquilíbrioBranco

....DuneOrange

.... RosalinPink

Prim ....RosePink

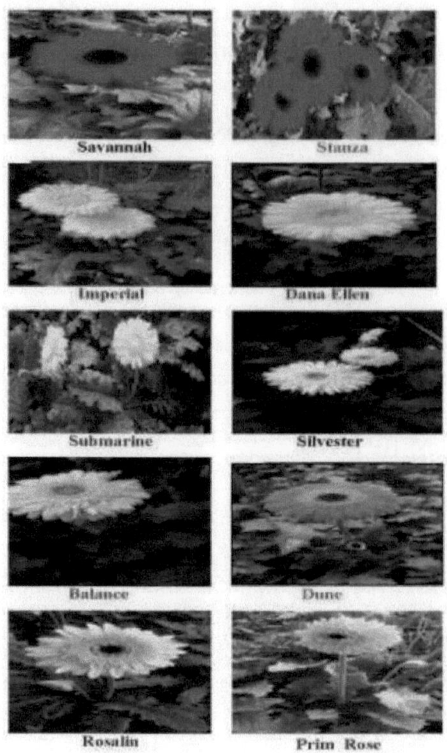

Placa 3. Vista geral das cultivares de gerbera

Estufa de ventilação natural (NVPH)

Dez cultivares de gerbera foram cultivadas numa estufa com ventilação natural. A sua estrutura é feita de tubos de ferro galvanizado e coberta com uma folha de polietileno estabilizado aos raios UV de 200 mícrones e os dois lados foram cobertos com uma rede de insectos para ventilação natural e proteção contra pragas de insectos. Para além desta rede de insectos, foi também colocada uma aba enrolável de folha de polietileno no exterior da rede de insectos para regular os requisitos de temperatura e humidade em função da estação do ano e das condições meteorológicas. A rede de sombra com 50% de sombra foi colocada acima do espaço da cabeça dentro da estufa para gerir a intensidade da luz e a temperatura durante o verão.

Esterilização do solo e preparação dos canteiros

Os canteiros foram preparados escavando o solo até uma profundidade de 30 cm. Todas as ervas daninhas, restolhos, pedras, etc. foram completamente removidos e o solo foi transformado numa terra fina. O solo foi esterilizado cuidadosamente com formalina a quatro por cento e coberto com película de polietileno preto para permanecer hermético durante 48-72 horas. Em seguida, a película foi retirada e o solo foi arejado durante 24 horas. Posteriormente, o campo esterilizado foi cuidadosamente irrigado para drenar os resíduos químicos. Foram preparados canteiros elevados de 30 cm de altura com 90 cm de base e 80 cm de topo ao longo de toda a estufa com um espaço de 30 cm entre os canteiros. Os canteiros foram incorporados com esterco de curral bem decomposto, areia e medula de coco na proporção de 2:1:1 e também a aplicação basal de SSP + MgSO4 + vermicomposto @ 4 g + 4g +892,85 g/ m^2 , respetivamente.

Plantação

As plantas saudáveis de cultura de tecidos foram plantadas a 13 de outubro de 2014. Havia duas filas de plantas em cada canteiro com o método de plantação em ziguezague adotado para garantir a distribuição adequada das plantas. O plantio raso foi feito nos canteiros juntamente com os pro-trays, que foram preenchidos com o meio de cultura cocopeat. Os canteiros foram cuidadosamente irrigados para manter o estado ótimo de humidade do solo imediatamente após a plantação.

Irrigação

Durante a fase inicial de crescimento da cultura a irrigação foi dada até quatro semanas com mangueira para melhor estabelecimento das raízes, depois foi dada com sistema de irrigação por gotejamento fornecido com duas laterais por cama. Os gotejadores foram fixados a 30 cm de distância, dependendo da humidade do solo e das condições meteorológicas, os canteiros foram irrigados regularmente para manter o solo moderado.

Fertilizante

Os fertilizantes (N, P e K) foram aplicados por via basal até 3 semanas após a plantação e, posteriormente, por fertirrigação. O calendário de fertirrigação para a produção de gerbera em cultivo protegido é o seguinte,

Dias	Fertilizante	Quantidade/m^2
.... Segunda-feirae Quinta-feira	19:19:19+12:61:0 (MAP)	2g$^+$ 1g
Quarta-feira e sábado	Ca (NO3)	2 1.5g
.... Sexta-feirae Terça-feira	0:0:50 + MgSO4	1,5 g + 1,0 g
Domingo	.......Micronelf-32+Fe EDTA	0,7g + 0,01g

Gestão de estufas

Para criar um ambiente favorável ao crescimento das plantas, a ventilação lateral e a rede de sombra foram alteradas consoante a estação do ano. Sempre que a temperatura aumentava na estufa, a aba de polietileno enrolável (ventilação lateral) era aberta e era dada irrigação suficiente e os nebulizadores também eram ligados para baixar a temperatura. Mas em condições de baixa temperatura, a ventilação lateral foi fechada com a aba de polietileno enrolável para conservar o calor dentro da estufa. A intensidade da luz no interior da estufa foi gerida através de redes enroladas ou estendidas.

Medidas de deservagem e de proteção das plantas

Todos os canteiros foram mantidos livres de ervas daninhas através de monda manual a intervalos regulares. A raspagem dos canteiros era efectuada uma vez por mês. Com a ajuda de Bavistin (2 gm/litro) controlaram-se doenças como a murchidão, botrytis sempre que se notou. As pragas, como o *Liriomyzatrifoli*, tripes e ácaros, foram controladas por pulverização com Imidachlopride (1,5 ml/litro).

Colheita

As flores foram colhidas quando os raios florais exteriores estavam completamente alongados e duas filas de discos florais estavam completamente desenvolvidas. As flores foram colhidas quando a haste da flor foi empurrada lateralmente para a base. O talão da base foi retirado e mantido em água doce imediatamente após a colheita.

3.5 Recolha de dados experimentais

Processo de amostragem

Foram recolhidos dados sobre vários parâmetros, *nomeadamente* vegetativos, de floração, de rendimento e de qualidade, de cinco plantas seleccionadas aleatoriamente em cada repetição e de acordo com as cultivares.

Parâmetros morfológicos
Altura da planta
A altura da planta refere-se ao comprimento da planta desde o nível do solo até ao ápice do rebento, medido a partir da planta selecionada em intervalos mensais até 180 dias após a plantação, tendo sido calculada a média. A medida foi feita em centímetros.

Número de folhas
O número de folhas foi contado nas plantas seleccionadas a intervalos mensais até 180 dias após a plantação e foi calculado o número médio de folhas por planta.

Propagação da planta
A dispersão das plantas foi medida em duas direcções (Norte-Sul e Este-Oeste), em ângulo reto entre si, e a sua média foi calculada e expressa em cm, em intervalos mensais.

Área foliar
A área foliar foi registada com a ajuda de um medidor de área foliar (modelo LICOR -10), utilizando 15 folhas seleccionadas aleatoriamente e igualmente do círculo exterior, médio e interior do crescimento da planta e foi expressa em cm^2 .

Comprimento do caule
O comprimento do pedúnculo das flores foi medido a partir do ponto imediatamente abaixo da cabeça da flor até ao ponto de origem do pedúnculo e o comprimento médio do pedúnculo das flores foi calculado e expresso em centímetros.

Diâmetro do disco floral
O diâmetro do disco floral foi medido com a ajuda de um compasso de calibre vernier e foi expresso em centímetros

Perímetro da haste
A circunferência do caule foi medida a partir de três pontos (superior, médio e base) com a ajuda de um paquímetro Venire e a média foi calculada e expressa em centímetros. **3.5.2.8 Dias necessários para a abertura da flor**
O número de dias decorridos desde o início do botão até à abertura da flor nas plantas marcadas foi contado e registado.

Número de caules/planta
O número médio de caules por planta por mês foi contado a partir de uma planta etiquetada e a média foi calculada.

Parâmetros de rendimento e de qualidade

Peso da flor

Da planta etiquetada, imediatamente após a colheita, foi retirado o peso fresco das flores, que foi expresso em gramas.

Número de flores por planta

O número médio de flores por planta por mês foi registado a partir das plantas etiquetadas e a média foi calculada.

Número de colheitas

Três meses após a plantação, a colheita foi efectuada numa planta etiquetada. O número total de colheitas por mês foi contado e registado.

Duração da cultura

A duração média da cultura de todas as cultivares de gerbera é de três anos, do ponto de vista da produção, mas os dados de apoio não foram registados, uma vez que a duração dos estudos se limitou a um ano.

Produção de flores/100 metros quadrados

Número total de flores produzidas /100 .... metros quadrado em 1 mês rendimento médio por cultivar registado.

3.5.4 Duração do vaso (dias)

Logo após a colheita, as flores foram mantidas em água fresca e, mais tarde, os caules das flores foram cortados de modo a terem um comprimento uniforme. Depois disso, essas flores preparadas foram mantidas individualmente num frasco com 250 ml de água da torneira. As flores foram observadas diariamente até serem consideradas impróprias para serem mantidas em vaso. O tempo de vida do vaso foi expresso em termos de dias desde a data da colheita até à observação final.

CAPÍTULO IV

RESULTADOS

Os resultados da presente investigação sobre Estudos sobre o desempenho da gerbera em condições de estufa para o seu crescimento, rendimento e vida de vaso de cultivares de gerbera, foram realizados durante o ano de 2014-2015 e são apresentados abaixo.

Estudos sobre o desempenho da gerbera (*Gerbera jamesonii*) em .... estufa condição.

Parâmetros morfológicos

Os dados sobre os caracteres morfológicos, tais como altura da planta, dispersão da planta, número de folhas por planta, número de caules por planta, área foliar e dias necessários para a abertura da flor, são apresentados no Quadro 1-4.

Altura da planta

Os resultados apresentados no Quadro 1 e na Figura 1 revelam que houve diferença significativa entre todas as cultivares para a altura da planta em todas as fases de crescimento da cultura.

Aos 30 DAP a cv. Dune registou uma altura de planta máxima (23,7 cm) e foi estatisticamente igual à cv. Balance (23,03 cm). No entanto, aos 60 DAP, a Balance apresentou a maior altura de planta (26,53 cm), seguida pela cv. Dune (26.26 cm) e Imperial (26.80 cm) enquanto que aos 90 DAP a Balance registou a altura máxima de planta (28.29 cm) que estava a par com a cv. Dune (28.14 cm), Imperial (27.79 cm), Dana Ellen (26.23 cm) e Rosalin (25.35 cm), respetivamente.

Aos 120, 150 e 180 DAP a cv. Balance apresentou maior altura de planta (30,07, ... 33,33, e 38,00 cm respetivamente) e foi estatisticamente igual à maioria das cultivares estudadas, enquanto que a cv. Dune (30,33, 32,26 e 37,33 cm, respetivamente), Dana Ellen (29,17, 32,23 e 36,73 cm, respetivamente). E Stanza apresentou a menor altura de planta (24,03, 27,33 e 28,17 cm, respetivamente) em comparação com todas as outras cultivares.

Tabela 1. Altura da planta (cm) de diferentes cultivares de gerbera em várias fases de crescimento da planta

x\ fases cultivar \x	Dias após a plantação					
	30	60	90	120	150	180
Savana	19.93	22.2	25.27	27.17	28.5	29.83
Estrofe	18.1	19.16	22.88	24.03	27.33	28.17
Imperial	21.83	26.8	27.79	28.83	31.06	32.00
Dana Ellen	23.00	25.00	26.23	29.17	32.23	36.73
Submarino	21.4	21.66	22.46	25.1	28.03	31.67
Silvestre	22.93	23.33	24.7	26.53	28.33	36.00
Equilíbrio	23.03	26.53	28.29	30.07	33.33	38.00
Duna	23.7	26.26	28.14	30.33	32.26	37.33
Rosalina	22.73	24.56	25.35	28.00	29.93	32.33
Rosa Prim	18.00	22.03	23.00	25.05	27.66	31.00
SE ±	0.91	1.22	1.14	1.36	1.40	1.60
CD a 5%	2.72	3.63	3.41	4.04	4.17	4.77

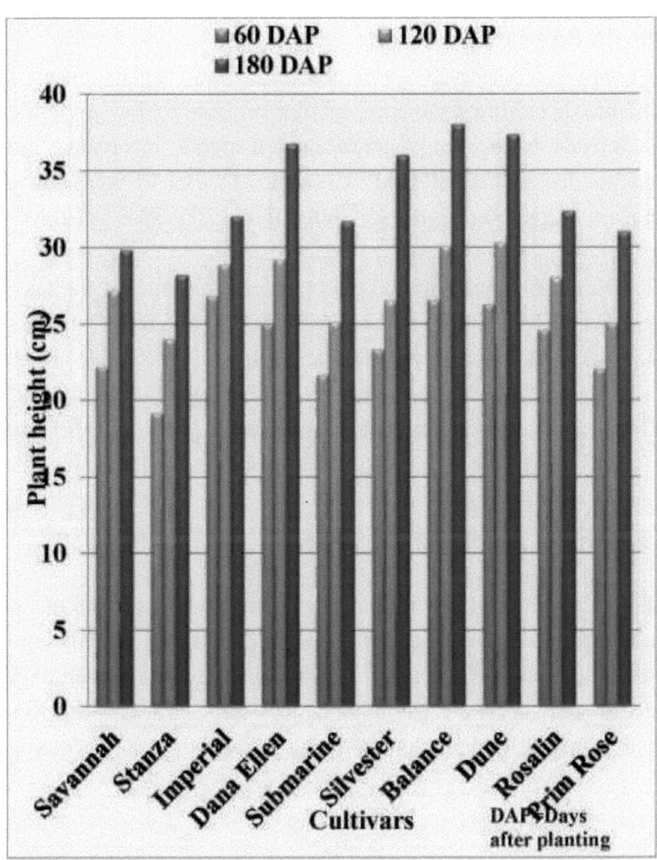

Fig. 1 Altura da planta (cm) de diferentes cultivares de gerbera em várias fases de crescimento da planta

Propagação da planta

Os dados relativos à dispersão das plantas (cm) foram registados em diferentes fases de crescimento da cultura e são apresentados no Quadro 2 e na Figura 2. À medida que os estádios de crescimento avançavam, a dispersão das plantas aumentava continuamente dos 30 aos 180 DAP. Houve uma variação significativa na dispersão das plantas em todos os estágios (*viz.*, 30, 60, 90,120, 150 e 180 DAP) de crescimento da cultura.

Aos 30 DAP a cv. Balance registou a propagação máxima de plantas (30,66 cm) seguida por Dana Ellen (30,33 cm) onde aos 60, 90 e 120 DAP foi máxima (35,16, 45,00 e 53,30cm, respetivamente) em Dana Ellen e foi estatisticamente igual à cv. Balance (36,13 cm, 44,50 cm e 53,00 cm, respetivamente). Da mesma forma, aos 150 DAP, a Dana Ellen registou a máxima dispersão de plantas (65,83 cm), seguida da Balance (61,27 cm) e da cv. Dune (60,43 cm). Por outro lado, a cv. Dune registou a máxima dispersão de plantas (52,33 cm e 64,77 cm, respetivamente) aos 120 e 180 DAP, seguida da cv. Silvester (43,67 cm e 62,13 cm) e Rosalin (45,33 cm e 61,67 cm).

No entanto, eles foram estatisticamente iguais entre si, enquanto que aos 180 DAP a cv. Balance registou a propagação máxima de plantas (68,67 cm) seguida pela cv. Dana Ellen (66,87 cm) e Dune (64,77 cm) e foram estatisticamente iguais entre si e significativamente superiores às outras cultivares. A cultivar Prim Rose registou uma dispersão mínima das plantas durante todas as fases de crescimento da cultura.

Número de folhas

A leitura dos resultados do Quadro 3 e da Figura 3 revelou que o número de folhas por planta variou significativamente em várias fases de crescimento da cultura (*viz.*, 30, 60, 90, 120,150 e 180 DAP).

Aos 30 e 60 DAP a cv. Rosalin registou o número máximo de folhas (7,83 e 13,33 respetivamente) seguido de Dune (7,40 e 13,67) respetivamente. O número mínimo (5,10 e 6,87) de folhas foi registado na cv. Stanza enquanto que aos 90 DAP a cv. Dune apresentou o máximo (16,33) e foi estatisticamente igual ao Balance (16,00). No entanto, aos 120 DAP a cv. Rosalin produziu o número máximo (26,33) de folhas, seguida pela cv. Balance (25,93) e estão estatisticamente a par uma da outra.

Quadro 2. Espalhamento das plantas (cm) em diferentes cultivares de gerbera em várias fases de crescimento da planta

\ Estágios Cultivarse I \	Dias após a plantação					
	30	60	90	120	150	180
Savana	23.38	26.03	34.60	43.63	48.67	49.67
Estrofe	18.00	20.06	29.83	33.87	39.83	43.67
Imperial	22.96	25.46	36.33	42.33	50.67	52.33
Dana Ellen	30.33	35.16	45.00	53.30	65.83	66.87
Submarino	19.33	21.46	25.70	32.00	45.83	55.83
Silvestre	21.33	24.16	33.00	43.67	54.17	62.13
Equilíbrio	30.66	36.13	44.50	53.00	61.27	68.67
Duna	27.16	34.16	42.33	52.33	60.43	64.77
Rosalina	30.00	33.1	39.07	45.33	55.17	61.67
Rosa Prim	20.26	22.66	25.83	28.30	33.00	39.33
SE ±	1.34	1.96	1.48	1.69	1.56	1.68
CD a 5%	3.99	4.97	4.41	5.0	4.66	4.99

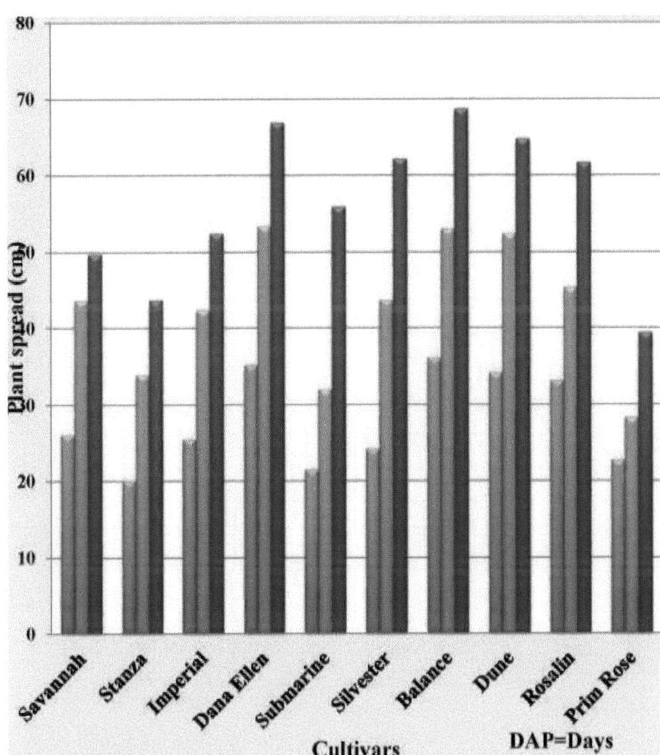

Fig. 2 Espalhamento das plantas (cm) em diferentes cultivares de gerbera em várias fases de crescimento da planta

Tabela 3. Número de folhas produzidas por diferentes cultivares de gerbera em diferentes fases de crescimento da planta

.........\ Estágios	Dias após a plantação					
Cuitivarsx I \	30	60	90	120	150	180
Savana	7.53	8.67	10.00	14.17	15.60	16.67
Estrofe	5.10	6.87	8.33	12.00	14.67	15.40
Imperial	8.07	9.13	10.70	14.60	20.20	22.73
Dana Ellen	7.10	13.00	15.50	23.50	25.33	28.80
Submarino	7.07	10.33	12.50	18.83	22.17	19.90
Silvestre	7.00	10.00	15.33	25.73	26.13	28.53
Equilíbrio	8.20	11.50	15.00	25.93	26.00	26.33
Duna	7.40	13.67	16.33	18.00	24.33	26.67
Rosalina	7.83	13.33	16.00	26.33	27.87	29.33
Rosa Prim	6.33	6.93	7.77	12.00	17.00	20.00
SE ±	0.33	0.63	0.86	0.99	1.01	1.65
CD a 5%	1.00	1.88	2.55	2.96	3.02	4.91

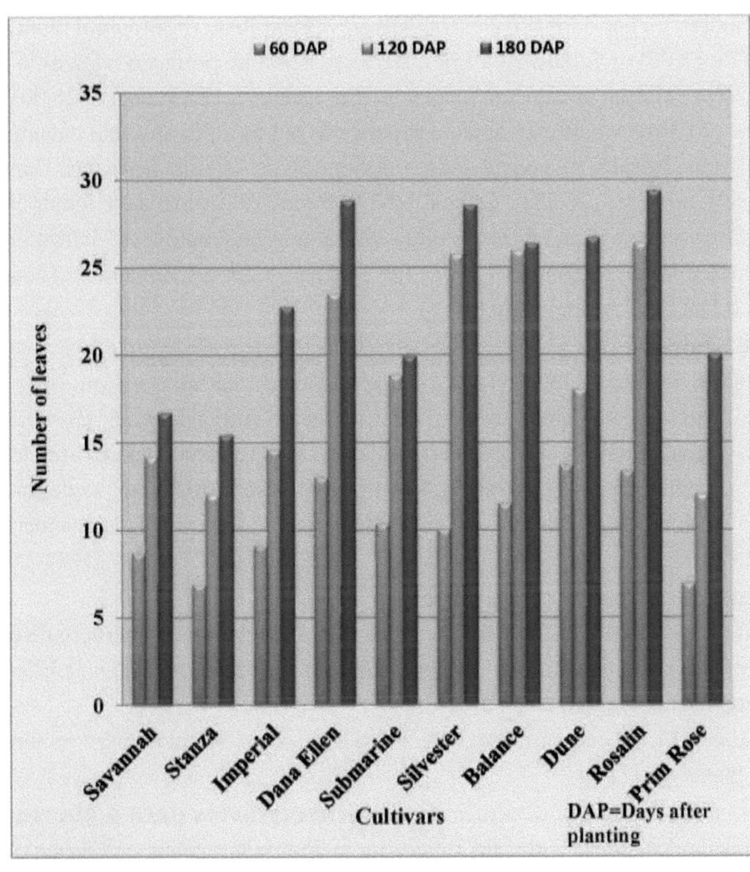

Fig. 3 Número de folhas produzidas por diferentes cultivares de gerbera em diferentes fases de crescimento da planta

Em ambos os períodos (90 e 120 DAP) a cv. Prim Rose registou um número mínimo (7,77 e 12,00) de folhas. Aos 150 DAP a cv. Rosaline produziu o máximo de folhas (27,87) e foi estatisticamente igual à cv. Silvester (26,13), Balance (26,00) e Dana Ellen (25,33) e significativamente superior às outras cultivares. No entanto, aos 180 DAP a cv. Rosalin foi considerada superior (29,33) seguida pelas cvs. Dana Ellen (28,80), Silvester (28,53) e Dune (26,67) e foram estatisticamente iguais entre si e significativamente superiores às outras cultivares, enquanto a cv. Stanza registou um número mínimo de folhas (8,33, 12,00, 14,67 e 15,40, respetivamente) aos 90, 120, 150 e 180 DAP, respetivamente).

Área foliar

A leitura dos resultados da Tabela 4 revelou que a área foliar variou significativamente dentro das cultivares, variando entre 55,15 cm^2 (Savana) e 96,34 cm^2 (Duna). Entre as cultivares estudadas, a Dune registou a maior área foliar (96,34 cm^2), seguida da cv. Balance (91,82 cm^2) e Silvester (70,95 cm^2) que foram estatisticamente iguais entre si e significativamente superiores a quaisquer outras cultivares.

Número de caules por planta

Os dados apresentados no Quadro 4 e na Fig. 4 revelam que o número de caules por planta registado é significativamente mais elevado (5,20) na cv. Dana Ellen e é estatisticamente igual ao da cv. Dune
e Balance (4,77) enquanto que a cv. Prim Rose registou um número mínimo de caules por planta (4,07).

6Dias .... necessários para a abertura da flor

Os resultados apresentados na Tabela 4 e na Figura 4 revelam que foram observadas diferenças significativas entre as cultivares de gérbera para diferentes parâmetros. A cv. Balance apresentou o menor número de dias necessários para a abertura da flor (7,03 dias), seguida pela cv. Stanza (7,33 dias) e Dune (7,37 dias) e foram estatisticamente iguais entre si, enquanto que a cv. Rosalin levou mais dias (9,43) para a abertura da flor.

Tabela 4. Área foliar (cm^2), número de caules por planta, dias necessários para a abertura das flores em diferentes cultivares de gerbera

XParâmetros → x. Cultivarse l X	Área foliar (cm)^2	Número de caules por planta	Dias necessários para a abertura da flor
Savana	55.15	4.33	8.47
Estrofe	62.60	4.73	7.33
Imperial	64.04	4.37	9.03
Dana Ellen	65.42	5.20	7.57
Submarino	70.02	4.50	8.33
Silvestre	70.95	4.47	8.53
Equilíbrio	91.82	4.77	7.03
Duna	96.64	4.97	7.37
Rosalina	67.08	4.17	9.43
Rosa Prim	61.07	4.07	9.33
SE ±	4.27	0.21	0.34
CD a 5%	12.96	0.63	1.01

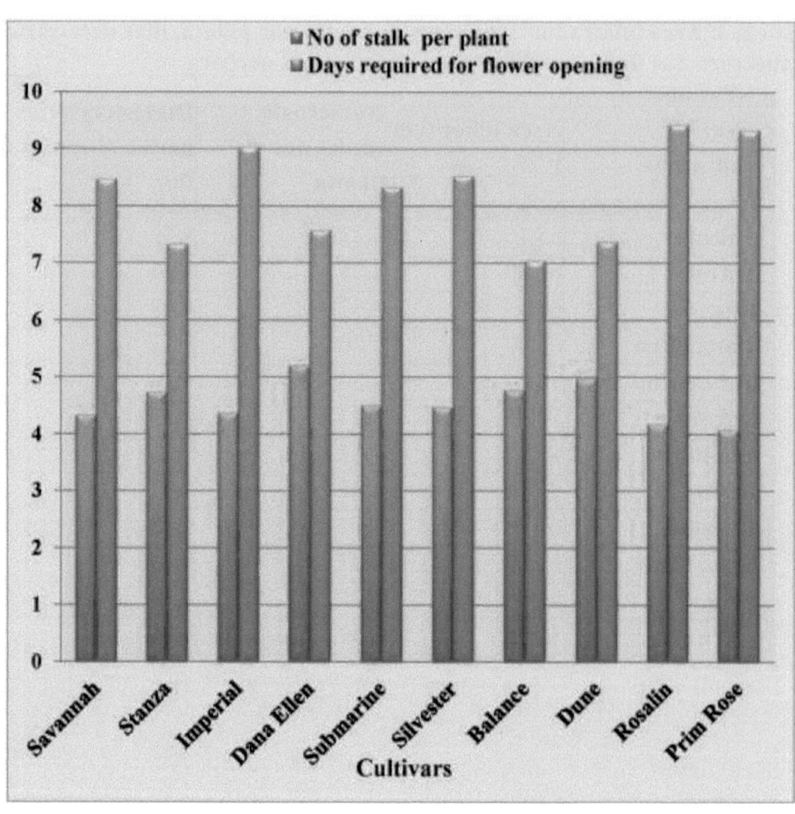

Fig. 4 Número de caules por planta, dias necessários para a abertura da flor em diferentes cultivares de gerbera

Caracteres de rendimento e de qualidade

Os dados sobre o rendimento e os caracteres de qualidade, tais como o número de flores por planta, a circunferência do caule, o diâmetro do disco da flor, o peso da flor, o número de colheitas, o comprimento do pedúnculo da flor, o rendimento por 100 m^2, o tempo de vida do vaso, a preferência do consumidor e a classificação das flores foram apresentados no quadro 5-7.

Número de colheitas

Os dados apresentados no quadro 5 e na figura 5 revelaram que o número de colheitas diferiu significativamente. A cv. Balance deu (7,00) o número máximo de colheitas, seguida da cv. Dana Ellen (6,67) e Savannah (6,60), que foram consideradas significativamente superiores para o mesmo parâmetro. No entanto, a cv. Stanza deu um número mínimo de colheitas (4,87).

Número de flores por planta

A análise dos dados apresentados no quadro 5 e na figura 5 revelou que o número de flores por planta foi registado, sendo o número de flores significativamente mais elevado (5,20) na cv. Dana Ellen e foi estatisticamente igual a Dune (4,97) e Balance (4,77), enquanto que a cv. Prim Rose registou um número mínimo de flores por planta (4,07).

Produção de flores por 100 m^2

As cultivares de gerbera variaram significativamente no que respeita à produção de flores por 100 m^2 e a cv. Dana Ellen registou a maior produção (3120 flores), seguida da cv. Dune (2982 flores) e Balance (2862 flores), que foram consideradas significativamente superiores. No entanto, a cv. Prim Rose registou uma produção mínima de flores (2442 flores), como se pode ver no quadro 5.

Comprimento do pedúnculo da flor

Foram observadas diferenças significativas entre as diferentes cultivares para o comprimento do pedúnculo foi significativamente maior na cv. Dune (61,33 cm), que foi significativamente superior às outras cultivares, seguida pela cv. Balance (60,33 cm) e Rosalin (59,67 cm). Enquanto o menor comprimento de caule foi registado na cv. Imperial (49,67 cm) Tabela 6 e Fig. 6.

Tabela 5. Número de colheitas, número de flores por planta, produção de flores por 100 m² em diferentes cultivares de gerbera

X_x Parâmetros .... \ → Cultivares$_x$ I X	Número de colheitas	Número de flores por planta	Produção de flores por 100 m²
Savana	6.60	4.33	2598
Estrofe	4.87	4.73	2838
Imperial	6.00	4.37	2622
Dana Ellen	6.67	5.20	3120
Submarino	6.10	4.50	2700
Silvestre	6.50	4.47	2682
Equilíbrio	7.00	4.77	2862
Duna	5.33	4.97	2982
Rosalina	6.25	4.17	2502
Rosa Prim	5.00	4.07	2442
SE±	0.46	0.21	0.83
CD a 5%	1.37	0.63	2.48

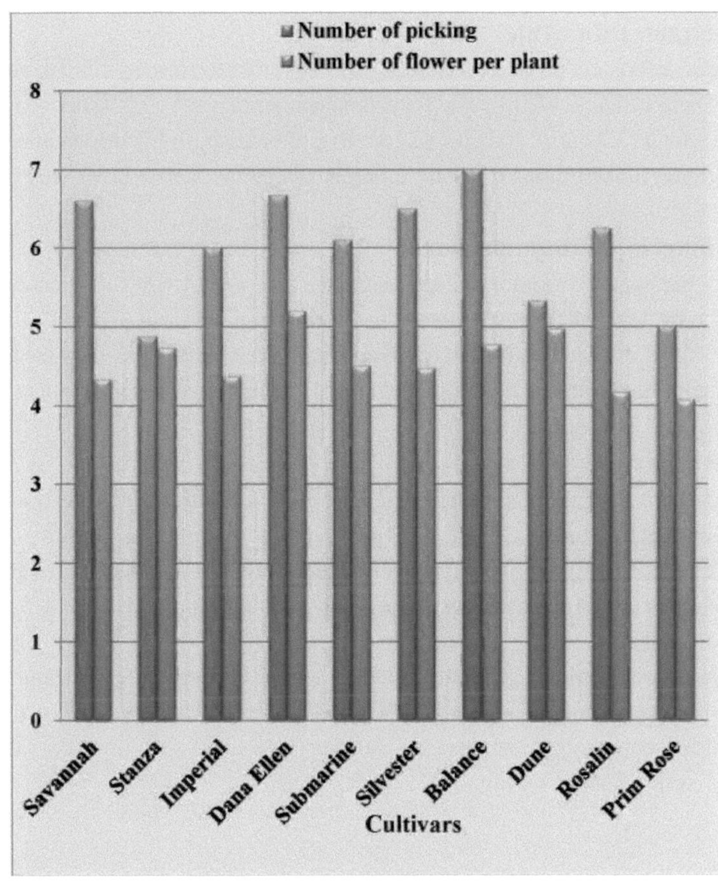

Fig. 5 Número de colheitas, número de flores por planta em diferentes cultivares de gerbera

Perímetro do caule

A circunferência do caule variou significativamente entre as cultivares e foi máxima na Dana Ellen (2,47 cm), que foi estatisticamente igual à cv. Balance (2,40 cm) e Savannah (2,27 cm). Balance (2,40 cm) e Savannah (2,27 cm), enquanto a circunferência mínima do caule foi registada na cv. Stanza (1,97 cm) Quadro 6 e Fig. 6.

Diâmetro do disco de flores

Este parâmetro diferiu significativamente entre as cultivares. O diâmetro máximo do disco foi registado na cv. Balance (2,15 cm), seguida da cv. Dune (2,05 cm), Rosalin (1,97 cm) e Savannah (1,63 cm). Estas cultivares foram consideradas superiores às restantes cultivares. Enquanto que o diâmetro mínimo foi registado na cv. Imperial (1,20 cm) Tabela 6 e Fig. 6.

Peso da flor

O peso da flor diferiu significativamente entre as cultivares e o peso máximo da flor foi encontrado na cv. Dune (26.07 gm) seguida pela cv. Rosalin (24,30 gm) e Dana Ellen (23,03 gm), que foi significativamente superior às outras cultivares. Enquanto que o peso mínimo das flores foi registado na cv. SubmarineTabela 7 e Fig. 7.

Vida de vaso

O parâmetro variou significativamente entre as cultivares. A cv. Dana Ellen prolongou o seu tempo de vida de vaso até um máximo de 9,33 dias, o que foi estatisticamente igual ao das cvs. Balance (9,13 dias) e Rosalin (8,47 dias). Dune (6,33 dias) Tabela 7 e Fig. 7.

Tabela 6. Comprimento da haste floral (cm), perímetro da haste floral (cm) e diâmetro do disco floral (cm) de diferentes cultivares de gerbera

[x]XParâmetros Cultivares I \	Comprimento do pedúnculo floral (cm)	Perímetro da haste floral (cm)	Diâmetro do disco floral (cm)
Savana	59.40	2.27	1.63
Estrofe	49.83	1.97	1.52
Imperial	49.67	2.20	1.20
Dana Ellen	52.67	2.47	1.61
Submarino	54.67	2.03	1.51
Silvestre	59.00	2.17	1.56
Equilíbrio	60.33	2.40	2.15
Duna	61.33	2.07	2.05
Rosalina	59.67	2.26	1.97
Rosa Prim	57.00	2.10	1.62
SE ±	1.65	0.09	0.14
CD a 5%	4.92	0.29	0.42

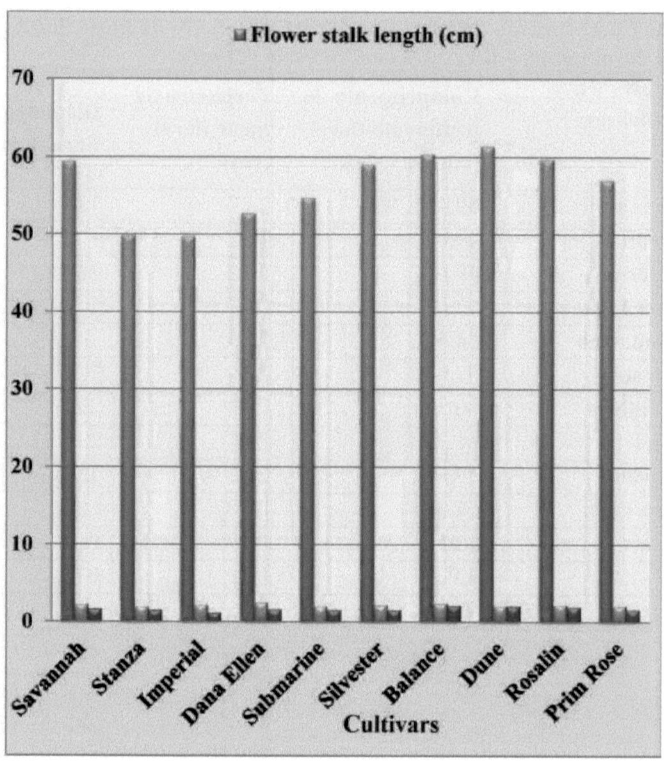

Comprimento da haste floral (cm), perímetro da haste floral (cm) e diâmetro do disco floral (cm) de diferentes cultivares de gerbera

Tabela 7. Peso da flor (gm) e tempo de vida em vaso (dias) de diferentes cultivares de .... gérbera

'ˣ.......... \ Estágios Xχ................ → CuitivarsXₓ I X	Peso da flor (gm)	Duração do vaso (dias)
Savana	22.83	7.87
Estrofe	22.23	7.93
Imperial	21.67	7.67
Dana Ellen	23.03	9.33
Submarino	20.63	6.67
Silvestre	21.53	8.20
Equilíbrio	22.23	9.13
Duna	26.07	6.33
Rosalina	24.30	8.47
Rosa Prim	21.67	6.70
SE ±	0.93	0.40
CD a 5%	2.76	1.21

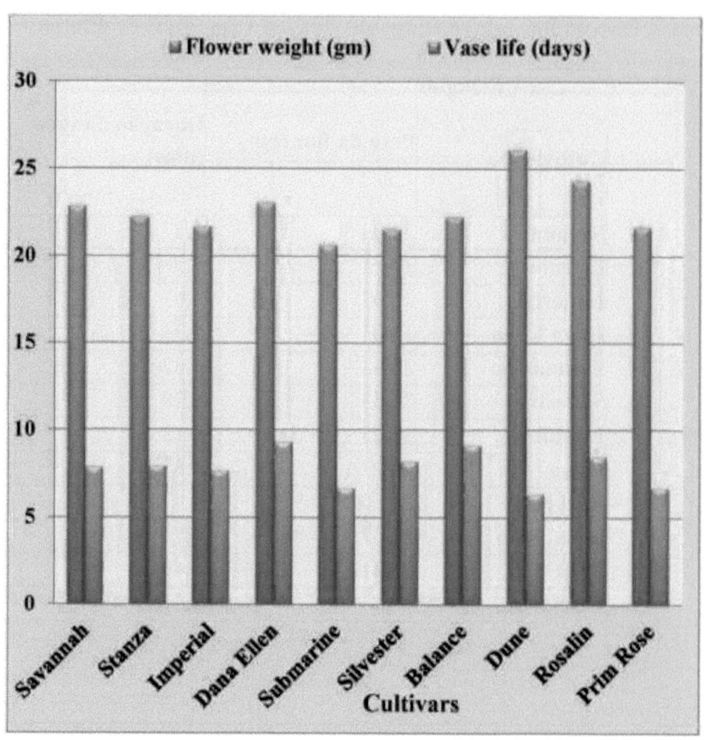

Peso da flor (gm) e tempo de vida em vaso (dias) de diferentes cultivares de gerbera

CAPÍTULO V

DISCUSSÃO

A gerbera é uma das importantes culturas de flores cultivadas em estufa na Índia. Está a ser utilizada como flor de corte em decorações e embelezamento. Tornou-se uma importante cultura comercial de flores em regime de cultivo protegido.

A compreensão das interacções entre o ambiente e a planta é essencial para maximizar a produtividade da planta sob um conjunto de restrições operacionais. O crescimento da planta pode ser modificado alterando os parâmetros do seu ambiente circundante, ou seja, o seu microclima. O microclima de uma planta é especificado em termos de temperatura, luz, composição do ar e natureza dos meios de enraizamento. Logicamente, para uma determinada planta, é possível chegar a um conjunto optimizado de parâmetros microclimáticos de modo a maximizar o crescimento da planta.

Uma estufa é, essencialmente, um meio prático para alcançar a maximização da produtividade das plantas através da manutenção de um clima ótimo e, desta forma, pode proteger a cultura da incidência de pragas e doenças. Entre estes factores, as próprias variedades contribuem muito para o desempenho de qualquer cultura de flores.

No entanto, o desempenho das cultivares de qualquer cultura difere de uma região para outra, assim como as suas condições de cultivo. Quando diferentes cultivares são cultivadas em condições idênticas, é o fator genético que expressa as diferenças morfológicas. Por conseguinte, a seleção da variedade é um critério importante para o êxito da cultura de qualquer floricultura. Foram lançadas várias variedades de gerbera para cultivo comercial. No entanto, o seu desempenho não foi muito testado em estruturas protegidas no que respeita ao crescimento, ao rendimento e à qualidade das flores cortadas.

Por conseguinte, o presente estudo foi efectuado com dez cultivares. Os resultados das presentes investigações são discutidos nos pontos seguintes, com os dados de apoio e a literatura.

Estudos sobre o desempenho da gerbera
(*Gerbera jamesonii*).. **cultivares em cultura em estufa.**

Caracteres morfológicos

O crescimento vegetativo é medido em termos de altura da planta, dispersão da planta, número de folhas; número de caules por planta, área foliar, dias necessários para a abertura da flor e são muito importantes, pois desempenham um papel fundamental na decisão do rendimento da cultura. Estes parâmetros também diferiram entre as diferentes cultivares de gerbera estudadas.

As cultivares de gerbera variaram significativamente na altura das plantas. As cvs. Balance, Dune e Dana Ellen apresentaram uma altura superior, mas a altura mínima foi registada na Stanza. Este tipo de diferenças varietais pode dever-se aos caracteres genéticos inerentes associados às cultivares. Os resultados estão de acordo com os obtidos por Paraneetha S. (2014) e Ahwat *et al* (2012).

Entre as cultivares Balance, Dana Ellen e Dune, verificou-se um crescimento vigoroso durante todo o período de crescimento no que respeita à dispersão das plantas, enquanto que na cv. Prim Rose. Isto pode dever-se ao facto de estas cultivares produzirem folhas de maior tamanho. Os resultados são apoiados por Naik *et al* (2006) e Barua e Bordoloi (2012).

As folhas são as unidades funcionais mais importantes para a fotossíntese, que influenciam grandemente o crescimento e a produção de flores. Entre as cultivares estudadas, Rosalin, Dana Ellen e Silvester foram consideradas significativamente superiores às outras, mas a produção mínima de folhas foi encontrada na cv. Stanza e Savannah. A variação na produção de folhas por planta também foi registada por Deka e Talukdar (2014) e Vasudevan e Rao (2010) em gerbera.

O número de caules por planta afecta diretamente a produção de flores. O número máximo de caules foi produzido pelas cultivares cv. Dana Ellen, Dune e Balance produziram o máximo, enquanto que a cv. Prim Rose produziu um número mínimo de caules. A variação significativa no que respeita ao número de caules foi anteriormente registada em gerbera por Kumari e Deka (2012).

Os parâmetros de crescimento fisiológico, *como a* área foliar, foram máximos na cv. Dune, Balance e Silvester e foram estatisticamente iguais entre si e significativamente superiores às outras cultivares. Isso pode ser devido ao aumento do número de folhas e da propagação da planta, o que, por sua vez, ajudou a manter uma área foliar mais alta. Os resultados estão de acordo com as conclusões de Shammy *et al* (2012) e Naik *et al* (2006).

Caracteres de rendimento e de qualidade

A produção de flores e os seus parâmetros de qualidade determinam a aptidão de uma determinada cultivar para o cultivo comercial. No presente estudo, as cv. Dana Ellen, Dune e Balance produziram o número máximo de flores por planta (5.20,4.97&4.77 respetivamente) e essa cultivar foi considerada superior ao resto das cv. estudadas enquanto que a cv. Prim Rose registou um número mínimo (4,07) de flores por planta.

O aumento da produção de flores pode ser atribuído à maior área foliar e ao maior número de folhas por planta, bem como à dispersão das plantas, o que teria resultado na produção e acumulação de fotossíntese máxima, resultando na produção de um maior número de flores com maior tamanho. Os resultados estão de acordo com as conclusões de Wankhede *et al* (2012) e Sarmah *et al* (2014).

O diâmetro do disco é um dos caracteres mais importantes da flor de corte de gerbera, que acrescenta valor estético à flor e, consequentemente, preço no mercado. No presente estudo, as cv. Balance, Dune Rosalin e Savannah registaram o diâmetro máximo do disco, enquanto a cv. Imperial registou o mínimo, resultados semelhantes foram comunicados por Kumar *et al* (2013) e Barua e Bordoloi (2012) em gerbera.

O número de colheitas foi significativamente diferente entre todas as cultivares de gerbera. A cv. Balance, Dana Ellen e Savannah foram estatisticamente e significativamente superiores às restantes cultivares, enquanto que a cv. Stanza apresentou um número mínimo de colheitas. O comprimento do pedúnculo é um parâmetro muito importante para as flores de corte de gerbera. Este parâmetro determina a qualidade das flores de corte. Foram observadas diferenças significativas entre as diferentes cultivares de gerbera no que respeita ao comprimento do pedúnculo. O pedúnculo mais longo foi observado na cv. Dune, Balance e Imperial. Este resultado está de acordo com Mahmood *et al* (2013), que referiu que o comprimento do pedúnculo é um fator genético e que se espera que varie entre cultivares. Naik *et al* (2006) e Kumar *et al* (2013) também relataram a variação no comprimento do pedúnculo entre as cultivares devido aos caracteres genéticos de uma determinada cultivar.

O outro parâmetro de qualidade, que influencia grandemente a qualidade das flores de corte, é o perímetro do caule ou peso da flor e o tempo de vida em vaso. Em termos de perímetro do caule, as cv. Dana Ellen, Balance e Savannah registaram o máximo e o mínimo na cv. Stanza. Os resultados acima referidos são apoiados por Thangam *et al* (2009) em gerbera, Gharge *et al* (2011) e Tarannum M. S. (2014) em cravo.

As cultivares de gerbera variaram significativamente no que respeita ao peso das flores. As cv. Dune, Rosalin, Dana Ellen mostram-se superiores para o peso da flor, no entanto, notou-se um mínimo na Submarine. Este tipo de diferenças varietais pode dever-se aos caracteres genéticos inerentes associados às cultivares. O resultado está de acordo com as conclusões de Ahlawat *et al* (2012) e Vasudevan e Roa (2010) em gerbera.

No que diz respeito aos dias necessários para a abertura da flor, houve uma variação significativa entre as cultivares. As cultivares cv. Balance, Stanza e Dune necessitaram de um mínimo de dias para a abertura das flores, enquanto que a cv. Rosaline precisou de um número máximo de dias para a abertura das flores. Este efeito pode ser atribuído à composição genética das variedades e às condições de cultivo proporcionadas.

O tempo de vida do vaso variou significativamente entre as cultivares. O máximo de vida de vaso foi registado na cv. Dana Ellen, Balance e Rosalin enquanto que o mínimo foi registado na cv. Dune. Isto pode ser devido a diferenças inerentes entre as cultivares. Resultados semelhantes foram também obtidos por Banee *et al* (2013), Mehmood *et al* (2014), Deka e Talukdar (2014). E Wankhede e Gajbhiye (2012) em gerbera.

CAPÍTULO-VI

RESUMO

A presente investigação foi efectuada pelo Departamento de Horticultura, Faculdade de Agricultura, VNMKV, Parbhani, durante o ano de 2014-15. A investigação foi conduzida para estudar o desempenho da gerbera (*Gerbera jamesonii*) em condições de estufa. Os resultados da investigação estão resumidos nas seguintes rubricas.

Estudos sobre o desempenho da gerbera (*Gerbera jamesonii*)..**em cultivo em estufas.**

Dez cultivares de gerbera foram adquiridas de fontes fiáveis e avaliadas em condições protegidas. Os resultados dos dados sobre vários parâmetros, incluindo a produção de flores registada até abril de 2015, estão resumidos aqui.

As variações altamente significativas foram observadas para o crescimento, floral, ... rendimento e qualidade entre as cultivares estudadas.

O maior número de flores de corte de qualidade foi produzido pela cv. Dana Ellen (5,20), seguida por Dune (4,97) e Balance (4,77), mas a cv. Prim Rose registou o menor número médio de flores (4,07) por planta e por mês.

Entre as diferentes cultivares estudadas, a cv. Dune (61,33 cm), Balance (60,33 cm) e Rosalin (59,67 cm) produziram o talo mais longo em comparação com as outras cultivares.

No que diz respeito ao diâmetro do disco, a cv. Balance registou o máximo, seguida da cv. Dune.

O perímetro máximo do caule foi registado na cv. Dana Ellen, que foi estatística e significativamente superior às outras cultivares.

O número de colheitas foi máximo na cv. Balance (7,00), seguida por Dana Ellen (6,67) e Savannah (6,60). A cv. Stanza (4,87) teve o menor número de colheitas em comparação com as outras cultivares.

Cv. Dune, Rosalin e Dana Ellen foram superiores para o peso da flor em comparação com outras cultivares.

Cv. Dana Ellen, Balance e Rosalin registaram um tempo de vida de vaso máximo (9,33, 9,13 e 8,47 dias, respetivamente) em água da torneira, em comparação com outras cultivares estudadas.

Entre as diferentes cultivares estudadas, as cv. Balance, Dana Ellen e Dune foram consideradas superiores no que respeita à propagação das plantas.

As cultivares Rosalin, Dana Ellen e Silvester registaram um número máximo de folhas e foram superiores às outras cultivares.

Tal como a área foliar foi mais elevada na cv. Dune, Balance e Silvester, que foram estatisticamente iguais entre si e significativamente superiores às outras cultivares.

Entre as cultivares estudadas, as cv. Balance, Stanza e Dune levaram o mínimo de dias necessários para a abertura das flores, sendo significativamente superiores às demais cultivares. Enquanto a cv. Rosaline levou mais dias para a abertura das flores. A duração da cultura de todas as cultivares de gerbera é, em média, de três anos do ponto de vista da produção.

As cultivares Dana Ellen e Dune registaram o número máximo de caules por planta por mês e a Prim Rose registou o número mínimo de caules por planta por mês em condições de estufa.

A altura máxima das plantas foi observada nas cultivares Balance, Dune e Dana Ellen, porém a Stanza apresentou altura mínima em relação às outras cultivares estudadas.

CONCLUSÃO

As conclusões do presente inquérito são as seguintes

As Cvs. Dana Ellen, Dune, Balance e Silvester foram consideradas as mais prometedoras para uma maior produção e qualidade de flores em condições de estufa.

As cvs. Stanza e Balance tiveram uma floração precoce em condições de estufa, enquanto a cv. Rosalin produziu uma floração tardia.

O máximo de caules por planta e por mês foi produzido pela cv. Dana Ellen.

As cultivares Dana Ellen, Balance e Rosalin foram consideradas superiores em termos de vida de vaso em água da torneira.

LITERATURA CITADA

Acharya, A. K., Baral, D. R., Gautam, D. M. e Pun U. K. (2010). Influência das estações do ano e das variedades no tempo de vida em vaso da flor de corte de gerbera (*Gerbera jamesonii* Hook.). *Nepal Journal of Science and Technology*, **11**:41-46.

Agasimani, A. D., Patil, V. S., Patil, A. A., Basavaraj, B., Uppar, D. S., Patil, B. C. e Biradar, M. S. (2010). Desempenho de variedades de Anthuriam em estufa. *Karnataka Journal Agricultural Science*, **23**(3): (540-541).

Ahlawat, T. R., Barad, A. V. e Jat G. (2012). Avaliação de cultivares de gerbera em estufa com ventilação natural. *Indian Journal Horticulture,* **69**(4): (606-608).

Anand, M., Sankari, A. e Nageswari, K. (2014). Avaliação do genótipo de gerbera (*Gerbera jamesonii* Bolus ex Hooker F.) em condições abertas em Yercaud. *Revista Internacional de Ciências Agrícolas*, **10**(2): 498-505.

Asadi, K., Abdoosi, V., Mausavi, E. S. e Abdali, A. (2014). Avaliou o efeito do tratamento com sacarose e GA3 na flor de corte do cravo da vida do vaso (Dianthus caryophyllusvar amarelo). *Avanços na pesquisa em ciências aplicadas*, **5**(6): 150154.

Banaee, S., Hadavi, E. e Moradi, P. (2013). Efeito do ácido ascórbico, sulfato de 8-Hidroxiquinalina e sacarose na longevidade e no conteúdo de antocinina das flores de gerbera. *Current Agriculture Research Journal*, ...**1**(1): 29-33.

Barua, U. e Bordoloi, R. (2012). Performance of Gerbera Cultivars under low cost polyhouse (Desempenho de cultivares de gérbera em estufa de baixo custo). *Progressive Horticulture*, **44**(1): 37-39.

Bhattacharjee, S. K. e De L. C. (2003). Floricultura comercial avançada. volume - I.

Chobe, P. R., Pachankar, P. B. e Warade, S. D. (2010). Desempenho de diferentes cultivares de Gerbera em condições de estufa. *The Asian Journal of Horticulture*, **5**(2): 333-335.

Das, C., Shammy, F. H., Habiba, S. U., Islam, M. S. e Jamal Uddin, A. F. M. (2012). Desempenho de crescimento e rendimento de cultivares exóticas de gerbera em vaso (*Gerbera jamesonii* L.) Bangladesh. *Bangladesh Research Publication Journal*, **7**(1): 16-20.

Deka, K. e Talukdar, M. C. (2014). Avaliação de diferentes cultivares de gerbera (*Gerbera jamesonii* Bolus) para caracteres de crescimento e floração nas condições de Assam, *Journal Krishi* .... *Vigyan*, **2**(2): 35-38.

Gharge, C. P., Angadi, S. G., Basavaraj, N., Patil, A. A., Biradar, M. S. e Mummigatti, U.V. (2011). Desempenho de variedades de cravo padrão em estufa com ventilação natural. *Karnataka Journal Agricultural Science*, ...**24**(4): 487-489.

Javad, N. D. M., Ahmad, K., Mostafa, A. e Roya, K. (2011). Avaliação pós-colheita do tempo de vida do vaso, dobragem do caule e seleção de cultivares de flores de gerbera (*Gerbera jamesonii* Bolus ex Hook F.). *Jornal Africano de Biotecnologia*, **10**(4): 560-566.

Kumar, A., Patel, K. S. e Nayee, D. D. (2010). Avaliação de diferentes cultivares de gerbera

(*Gerbera jamesonii* Bolux ex Hooker F.) quanto ao crescimento, rendimento e qualidade em condições de estufa arrefecida por ventoinha e almofada. *O Asian Journal of Horticulture*, **5** (2): 309-310.

Kumar, R., Ahmad, N., Sharma, O. C., Mahendiran, G. e Lal, S. (2013). Triagem de cultivares de gerbera (*Gerbera jamesonii*) para qualidade, vida útil do vaso e flexão do caule. *Progressive Horticulture*, **45**(2).

Kumar, R., e Deka, B. C. (2012). Avaliação de gerbera (*Gerbera jamesonii* Bolux ex Hooker F.) para caracteres vegetativos e de floração sob polyhouse rentável. *Sociedade para o Desenvolvimento Recente em Agricultura,* ....**12**(1): 180-185.

Kumar, S., Roy, R. K., Goal, A. K. e Tewari, S. K. (2012). Desempenho de variedades de gérbera cultivadas em estufa ventilada natural em Lucknow. *Annals of Horticulture*, **5**(2): 298-300.

Kumari, A., Patel, K. S. e Nayee, D. D. (2010). Desempenho comparativo de cultivares de gerbera (*Gerbera jamesonii* Bolus ex Hooker F). em condições de ambiente protegido. *Ciências Asiáticas*, **5**(1): 32-33.

Magar, S. D., Warade, S. D., Nalge, N. A. e Nimbalkar, C. A. (2010). Desempenho de Gerbera (*Gerbera jamsonii*) em condições de estufa com ventilação natural. *International Journal of Plant Science*, **5**: 609-612.

Mahamood, M. A., Ahmad, N. e Khan, M. S. A. (2013). Avaliação comparativa do crescimento, ...rendimento e ....qualidade características de várias cultivares de Gerbera (*Gerbera jamesonii* L.) em condições protegidas. *Journal of Ornamental and Horticultural Plants*, **3**(4) : 235-241.

Mehmood, M. A., Khan, M. S. A. e Ahmad, N. (2014). crescimento, rendimento e qualidade de cultivares de cravo (*Dianthus caryophyllus* L.) em condições de ripado. *Journal of Ornamental Plants*, **4** (1): 27-32.

Naik, H. B., Chauvan, N., Patil, A. A., Patil, V. S. e. Patil, B. C. (2006). Comparative performance of gerbera (*Gerbera jamesonni* Bolus ex Hooker F.) cultivars under naturally ventilated polyhous. *Journal of Ornamental Horticulture*, **9**(3): 204-207.

Paraneetha, S. (2006). Desempenho do genótipo de gerbera (*Gerbera jamesonii*) Bolux ex Hooker F.) em shervaroyhollis de Tamil Nadu. *Journal of Ornamental Horticulture*, **9**(1): 55-57.

Sarmah, D., Kolukunde, S. e Mandal, T. (2014). Avaliação de variedades de gerbera para crescimento e floração sob polyhouse na planície de Bengala Ocidental. *Revista Internacional de Investigação Científica*, **3**(12): 2277-8179.

Shammy, F. H., Solaiman, A. H. M., Das, C., Islam, M. S. e Jamal Uddin, A. F. M. (2012). Características de crescimento e floração de duas .. variedades de gerbera em vaso (*Gerbera jamesoniiL* ....) .... *Journal Expt. Bioscience*, **3**(1): 33-36.

Shekara, K. H., Shirol, A. M., Reddy, B. S. e Anupa, T. (2013). Produção de flores, qualidade e aceitação do consumidor em genótipos de margarida (*Aster .... amellus* L.). *International Journal Agriculture Environment Biotechnology*, **6**(1): 127130.

Singh, A. K., Singh, D. K., Singh, B., Punetha, S. e Rai, D. (2013). Avaliação de variedades de cravo (*Carnation caryophyllus* L.) sob ventilação natural em estufas de polietileno nas colinas de Kumaon Himalaya. *Jornal Africano de Investigação Agrícola*, ...**8**(29): ....4111 4114.

Sugapriya, S., Mathad, J. C., Patil, A. A., Hegde ,R. V., Lingaraju, S. e Biradar, M. S. (2012). Avaliação de orquídeas Dendrobium para crescimento e crescimento de rendimento em estufa. *Karnataka Journal of Agricultural Science*, **25**(1):.....................................104 107.

Suma, V. e Patil, V. S. (2006). Parâmetros de qualidade da flor em genótipo de Margarida (*Aster amellus* L). ....*KarnatakaJournal Ciências Agrárias*, **19** (3): 665-656.

Tabassum, R., Ghaffoor, A., Waseem, K. e Nadeem, M. A. (2002). Avaliação de cultivares de rosa para a produção de flores de corte. *Asian Journal of Plant Sciences*, **1**(6): 668-669.

Thahgam, M., Ladania, M. S. e Korikanthimath, V. S. (2009). Desempenho de variedades de gerbera em diferentes meios de cultivo nas condições húmidas costeiras de Goa. *Indian Journal of Horticulture*, **66**(1): 79-82.

Tharannum, M. S. (2014). Desempenho de genótipos de cravo (*Dianthus caryophyllus* L.) para parâmetros qualitativos e quantitativos para avaliar a variabilidade genética entre genótipos. *Revista Internacional Americana de Pesquisa em Ciências Naturais e Aplicadas Formais*, **5** (1): pp-96-101.

Vasudevan, V. e Rao, V. K. (2010). Avaliação de genótipos de gerbera (*Gerbera jamesonii* Bolus ex Hooker F.) em condições de meia encosta dos Himalaias de Garhwal. *Journal of Ornamental Horticulture*, **13**(3): 195-199.

Wankhede, S. e Gajbhiye, R. P. (2012). Desempenho de variedades de gerbera para rendimento de floração e parâmetro de qualidade sob shednet. *Indian Journal Horticulture*, **69**(1): (98-100).

APÊNDICE I

Propriedades químicas do solo do sítio experimental

Nutriente	Valor	Método
A) Macro nutrientes		
Azoto disponível (kg/ha)	72.25	Método do permanganato alcalino (Subbaiah e Asija, 1956)
Fósforo disponível (kg/ha)	7.31	Método de Olsen (Olsen,1954)
Potássio disponível (Kg/ha)	283.12	Método do fotómetro de chama (Piper, 1966)
Carbono orgânico (%)	0.25	Método de penteação a seco descrito por (Chopra e Kanwar, 1991)
Carbonato de cálcio (%)	4.8	Método volumétrico (Puri,1949)
pH do solo (rácio de água no solo 1: 2.5)	7.20	Medidor de pH digital (Jackson, 1973)
CE (rácio de água no solo, 1:2,5 dS/m)	0.85	Ponte de condutividade (Jackson, 1973)
B) Micro nutrientes	**Valor (ppm)**	É utilizado o método de análise experimental A.O.A.C. (1965)
Ferrosos	1.658	
Manganês	5.680	
Cobre	0.898	
Zinco	0.227	

yes
I want morebooks!

Buy your books fast and straightforward online - at one of world's fastest growing online book stores! Environmentally sound due to Print-on-Demand technologies.

Buy your books online at
www.morebooks.shop

Compre os seus livros mais rápido e diretamente na internet, em uma das livrarias on-line com o maior crescimento no mundo! Produção que protege o meio ambiente através das tecnologias de impressão sob demanda.

Compre os seus livros on-line em
www.morebooks.shop

Printed by Books on Demand GmbH, Norderstedt / Germany